Krieg und Erdkunde

unter besonderer Berücksichtigung des erdkundlichen Unterrichtes.

Vortrag, am 1. Februar 1917 in der Geographischen Gesellschaft zu Hamburg gehalten von

Rektor R. Barmm.

2. Tausend

HAMBURG 1917
L. Friederichsen & Co.
Land- und Seekartenhandlung
geographischer und nautischer Verlag

Sonderdruck aus den Mitteilungen der Geographischen Gesellschaft in Hamburg, Band XXX.

Druck von J. J. Augustin in Glückstadt und Hamburg.

Krieg und Erdkunde gehören unlöslich zusammen. **Ohne erdkundliche Kenntnisse ist kein Verständnis des Krieges möglich.** Beantworten wir uns im Geiste nur folgende Fragen: Weshalb liegt in manchen Teilen der ungeheuren Kampflinie die kriegerische Tätigkeit zeitweise vollkommen still und muß still liegen? Warum sind die untere Donau und viele polnische und russische Flüsse solch gewaltige Kriegshindernisse gewesen? Aus welchen Gründen ist die österreichische Grenze gegen Italien mit einer verhältnismäßig kleinen Macht zu verteidigen? Welche Mittel besitzt England, um einen Druck auf seine Verbündeten auszuüben? Weshalb ist Rußland in solch bedrängter Lage und weshalb können ihm seine Verbündeten nur wenig helfen?

Wie verschieden werden die Antworten ausfallen je nach dem Stande der erdkundlichen Bildung. Oft genügt schon ein Name, um vielseitige Verknüpfungen zwischen Erdkunde und Krieg in uns rege zu machen. Ich nenne Konstantinopel, Bagdad, Suezkanal, Tannenberg, Rumänien. Man vergißt fast, daß man im Krieg auch ein geschichtliches Ereignis vor sich hat. Vor dem Kriege waren wir es kaum gewohnt, zwischen Erdkunde und Krieg einen engeren Zusammenhang und gar einen ursächlichen Zusammenhang zu suchen. Für uns gehörte der Krieg in das Gebiet der Geschichte. Vom Krieg hörten wir und hören unsere Kinder noch heute in der Geschichtsstunde. Die Lösung geschichtlicher und auch politischer Probleme erwartete der Gebildete vom Geschichtsschreiber, vom Volkswirtschaftler, vom Diplomaten, aber kaum vom Geographen. Die Geographen haben sich nur in geringer Zahl mit der Geschichte des Tages befaßt. Und doch berühren sich Geschichte und Erdkunde auf das Innigste in der Tagesgeschichte, in der Geschichte der Gegenwart. Als Wissenschaft hat die Geschichte die Aufgabe, das Werden und Sichentwickeln der Menschenwelt zu erforschen; sie lehrt uns die Vergangenheit verstehen aus der Erkenntnis der Gegenwart heraus; sie wendet ihren Blick meist in die Vergangenheit. Die Erdkunde versetzt uns dagegen in manchen Teilen ihres umfassenden Arbeitsgebietes mitten hinein in das volle Leben der

Gegenwart; sie will uns die Menschen von heute in ihrer Abhängigkeit von der sie umgebenden Natur kennen lehren; sie ist die Fortsetzung der Geschichte bis in die Gegenwart hinein. Die Geschichte des Tages wird für uns Laien zur Hauptsache solange Erdkunde bleiben, wie wir sie nur in Verbindung mit der örtlichen Grundlage verstehen können. Sind wir dann aber später imstande, die inneren Zusammenhänge der Ereignisse zu durchschauen, so treten die erdkundlichen Tatsachen immer mehr zurück; wir sind im Gebiet der Geschichte.

Denken wir an den Krieg. Zwei und ein halbes Jahr haben wir ihn mitfühlend, mithoffend erlebt. Im Wirrsal der Ereignisse fanden wir nur eine Rettung: wir haben die Geschehnisse örtlich festgelegt. Wir trieben Erdkunde, um die Geschichte zu verstehen. Die erdkundlichen Grundlagen sollten uns das Verständnis der Handlungen der Menschen erschließen. Und wir waren auf dem rechten Wege. Haben doch unsere Heerführer und unsere Diplomaten ihre Maßnahmen zum großen Teil getroffen auf Grund ihrer Kenntnisse von Land und Leuten, also auf Grund ihrer erdkundlichen Kenntnisse. Es ist daher kein Wunder, daß die Erdkunde im Kriege solch eingehende Pflege in allen Kreisen der Bevölkerung gefunden hat. Hat es je eine Zeit gegeben, wo die Karte so hoch in Ehren gestanden hat, wo arm und reich, Gebildete und Ungebildete so eifrig sich in das Kartenbild vertieft haben? Andere suchten sich durch das Lesen von Büchern und Zeitschriften und durch das Anhören von Vorträgen genauer bekannt zu machen mit den Verhältnissen in den Kampfgebieten oder mit Land und Leuten in den eroberten Landesteilen oder in den verbündeten und feindlichen Staaten. Um diesen Bedürfnissen zu genügen, sind während des Krieges viele erdkundliche Schriften veröffentlicht und viele erkundliche Vorträge gehalten worden. Auch die Tagespresse hat in ihren Spalten der Erdkunde einen weiten Platz eingeräumt. Vielseitige Anregungen hat der Krieg der Erdkunde gebracht; erdkundliche Kenntnisse, erdkundliche Belehrungen und erdkundliches Denken sind durch ihn in unserem Volke verbreitet.

Eine unmittelbare Wechselwirkung zwischen Krieg und Erdkunde ist augenscheinlich. Der Krieg hat belebend auf die Erdkunde eingewirkt; die Erdkunde hat sich aber auch als Dienende den Kriegführenden zur Verfügung gestellt. Beide, Krieg und Erdkunde, haben gleicherweise ihre Vorteile aus dieser Zusammenarbeit gezogen. Die Geographen haben in dieser schweren Zeit dem Vaterlande durch ihre Kenntnisse ausgezeichnete Dienste leisten können. Und der Krieg, an den Boden gekettet, von der Natur und den Menschen abhängig, mußte sich nicht nur die erdkundlichen Kenntnisse zu Nutze machen, sondern der Krieg mußte in eigenem Interesse erdkundliche Forschungen und Arbeiten veranlassen, und er wird der erdkundlichen Wissenschaft für die Zeit nach dem Kriege noch manches Problem ungelöst lassen.

Wie vielseitig diese Beziehungen zwischen Krieg und Erdkunde sind, kann im Rahmen des heutigen Vortrages nur angedeutet werden. Wie außerordentlich ist die Kartographie durch den Krieg gefördert! Unter Mitwirkung wissenschaftlich gebildeter Geographen ist mit unendlichem Fleiß eine Unsumme kartographischer Arbeit geleistet worden. Man hat die neuesten wissenschaftlichen Methoden angewendet und hat sie gelegentlich der fortgesetzten Arbeiten noch verbessern können. Luft- und Fliegeraufnahmen haben geholfen. Staunenswertes ist geleistet. Der Generalstab bescherte uns die prächtigen Karten der Kriegsschauplätze im Maßstab von 1 : 300000. Von den eroberten russischen Gebieten sind schon über 300 Karten im Maßstab von 1 : 100 000 herausgegeben. Die vorhandenen Karten der westlichen besetzten Gebiete sind ständig verbessert. Von den Ländern der Balkanhalbinsel wächst die Zahl der Karten fortgesetzt; das sind Gebiete, von denen wir vor dem Kriege keine oder nur ungenaue Karten besaßen. Was in Asien geleistet ist, werden wir wohl später erfahren; Wege und Eisenbahnen sind angelegt; kartographische Aufnahmen werden damit Hand in Hand gegangen sein. So ist im Dienste des Krieges ein vorzügliches Kartenmaterial geschaffen worden und für weitere Karten sind die Arbeiten in Angriff genommen. Eine Fülle von erdkundlichen Beobachtungen sind in diesen Karten niedergelegt worden. Wir lernen die Oberfläche unserer Erde immer genauer kennen. Im Kampfgebiet selbst lassen sich kartographische Aufnahmen nur unter besonders schwierigen Umständen machen. Dort duldet der Krieg den Menschen nicht auf der Erdoberfläche; der Krieg treibt ihn in die Erde hinein, in den Schützengraben. Tausende und aber Tausende von Kilometern an Schützengräben und ganzen Netzen von Schützengräben umsäumen Mitteleuropa. 3—5 m sind sie in die Erde eingegraben; die Unterschlüpfe der Soldaten liegen oft 10—12 m tief, und die Minierstollen gehen bisweilen gar 20—30 m unter der Erde dahin. Geologen haben bei der Anlage der Schützengräben ihre Kenntnisse hergegeben. Wieviel gab es da beim Bau und bei der Erhaltung der Gräben und Stollen zu beobachten, zu lernen. Neben dem Geologen kam sicher auch der Morphologe zu seinem Recht, geht doch der Schützengraben unentwegt über Berg und Tal. Ja, selbst das Hochgebirge kennt den Stellungskrieg. In der im Winter sonst menschenleeren Einöde des Hochgebirges und seiner Gletscher halten die Österreicher Wacht gegen die Italiener. Da wird mancher geographisch Geschulte Beobachtungen über die Hochgebirgswelt machen, die später der Wissenschaft zum Nutzen gereichen werden.

So treibt der Krieg die Menschen in die Erde und auf die Höhen der Berge. In der Ebene sucht der Soldat möglichst die Erhebungen des Bodens zu gewinnen, der besseren Verteidigung, der besseren Fernsicht wegen. Aber das genügt ihm noch nicht. Er erhebt sich mit Fesselballon, Luftschiff und Flugzeug weit über den Erdboden, um die Stellung des Feindes zu erkunden, um selbst von oben herab anzugreifen oder dort in der Luft Kämpfe auszuführen. Wer hätte bei Kriegsbeginn sich eine solche Entwicklung unserer Luftwaffe denken können! In allen Jahreszeiten, in den verschiedensten Klimaten, vom Norden Rußlands bis zu den Grenzen Ägyptens und Persiens, über dem Lande wie über dem Wasser steigen unsere Luftfahrzeuge täglich zu Höhen auf, die vor dem Kriege nur hin und wieder durch den Menschen erreicht worden sind. Beim Bau und bei der Führung der Luftfahrzeuge haben unsere Meteorologen helfen und raten können. Dank der Erfahrungen des Krieges hat die Luftschiffahrt eine Sicherheit erreicht, die wir uns vor zwei Jahren nicht hätten träumen lassen. Nach dem Kriege wird die Wissenschaft in den Luftfahrzeugen ein sicheres Mittel haben, die Physik unserer Lufthülle genauer zu erforschen.

Wie der Mensch so die Luft zu seinem Kampfplatz gemacht hat, so geht er auch in die Tiefe des Meeres zum Kampfe und zwar zum Kampfe gegen unseren erbittersten Feind, den Engländer. Glänzend bewähren sich unsere U-Boote. Unsere Ozeanographen haben beim Bau und bei der Handhabung dieser Waffe ihre reichen Erfahrungen hergeliehen. Sie haben mithelfen können, daß unsere U-Boote solch bewunderungswerte Leistungen zeigen. Unsere Erdkunde hat sich selbst das Werkzeug mit geschaffen, dessen sie sich nach dem Kriege bedienen kann, um Meeresforschung zu treiben. Im ganzen Kampfgebiet, im Schützengraben, in der Luft und im Wasser hilft und fördert die Erdkunde zum Besten unserer Kriegführenden und zu ihrem eigenen Nutzen.

Aber auch hinter der Front findet die Erdkunde ein reiches

Feld der Betätigung. Haben wir in Deutschland jemals so vielfach Gelegenheit gehabt, die Völker der Erde zu studieren in ihren Rasseeigentümlichkeiten, ihren Sprachen, ihren Gebräuchen? Fast 3 Millionen Gefangene werden in Mitteleuropa festgehalten. England, Rußland und Frankreich haben sich in gleicher Weise bemüht, uns mit möglichst verschiedenartigem völkerkundlichen Anschauungsmaterial zu versorgen. Unsere Anthropologen haben sich die Gelegenheit zu eingehenden Forschungen nicht entgehen lassen.

Das sind nur einige Beispiele, an denen ich zeigen wollte, wie die Erforschung der Erdoberfläche, der Lufthülle, des Meeres und der Völker der Erde Anregungen empfangen hat durch die kriegerischen Ereignisse. Mit Leichtigkeit ließe sich im einzelnen nachweisen, daß es nur wenige Gebiete der allgemeinen Erdkunde gibt, die vom Kriege nicht mehr oder minder stark berührt werden. Aber noch vertiefter und inniger werden die Beziehungen, sobald wir das Gebiet der Länderkunde betreten. Ist doch die Länderkunde der Zweig der Erdkunde, in dem sich Krieg und Erdkunde ihrem Wesen nach am nächsten stehen. Der Krieg ist und bleibt trotz allem ein geschichtliches Ereignis. Die Geschichte setzt als wissenschaftliches Fach den Menschen voraus; der Mensch ist an den Raum gebunden; jedes Geschehen ist also räumlich verankert. Die Erdkunde wird daher sich dort mit der Geschichte berühren, wo die Erde als Wohnsitz des Menschen betrachtet wird. Und das ist das Gebiet der Länderkunde. Welch außerordentliche Bedeutung ich dem länderkundlichen Studium in Verbindung mit dem Weltkrieg beimesse, kann ich am deutlichsten durch eine etwas kühne Behauptung zeigen: Der Krieg wäre nicht ausgebrochen, wenn in allen beteiligten Staaten, wenn auch nur in den leitenden Kreisen, bessere länderkundliche Kenntnisse verbreitet gewesen wären.

Was haben die da draußen, die Engländer, die Franzosen, die Russen von uns gewußt! Was für ein falsches Bild haben sich unsere Gegner von unseren sittlichen, wirtschaftlichen und politischen Verhältnissen gemacht! Sie schelten uns Hunnen, Barbaren. Sie glaubten, ein großer Teil des deutschen Volkes würde sein Vaterland schmählich im Stiche lassen, Revolutionen würden uns schwächen. Sie glaubten, uns durch Übermacht erdrücken und durch Absperren aushungern zu können. Hätten sie unsere innere Geschlossenheit und Widerstandskraft geahnt, hätten sie die wirtschaftlichen Hilfsquellen unseres Vaterlandes richtig eingeschätzt, — sie hätten den Krieg nicht begonnen. Und welche Wissenschaft hätte ihnen diese Kenntnisse geben können? Zur Hauptsache die Länderkunde. Aber wir dürfen nicht ungerecht sein. Ist es bei uns besser gewesen? Was haben wir von unseren Gegnern gewußt? Haben wir sie besser gekannt, als sie uns kannten?[1]) Sind wir nicht überrascht gewesen über die Organisationsfähigkeit der Russen, über die Tapferkeit und Widerstandsfähigkeit der Franzosen auch nach Niederlagen? Haben wir alle die Engländer richtig eingeschätzt? Eine sorgsame Pflege der Länderkunde hätte uns helfen können, diese Kenntnisse zu erwerben. Ein Volk kann in seinem Charakter und in seiner Leistungsfähigkeit nur verstanden werden aus einer Fülle von Kenntnissen und Beobachtungen heraus. Neben der geschichtlichen Entwicklung eines Volkes müssen wir seine Rasseneigentümlichkeiten kennen; wir müssen die Lage des Landes und sein Klima in Betracht ziehen; wir müssen uns Einblick verschaffen in den geistigen Stand der Bevölkerung und in die wirtschaftliche Lage des Landes. Welch unendlich schwierige Aufgabe aber darin liegt, auf diesem Wege sich ein Bild der Völker und Staaten der Erde zu verschaffen, das sehen wir in unserem Vaterlande.

Wir können nicht behaupten, daß es mit unseren Forschungen auf dem Gebiete der Landeskunde Deutschlands glänzend steht. Und doch wird mit großem Fleiße an der wissenschaftlichen Erforschung Deutschlands gearbeitet. Es hat einfach bisher an der nötigen Zeit gemangelt. Die Erdkunde ist als Wissenschaft in Deutschland noch zu jung. 1870—71 gab es in unserem Vaterlande nur drei Professuren für Erdkunde und zwar in Berlin, Göttingen und

---

[1]) An dieser Stelle weise ich auf die vorzügliche „Denkschrift über die Förderung der Auslandsstudien" hin. Sie wurde am 25. 1. 1917 dem Preußischen Abgeordnetenhause vom Minister der geistlichen und Unterrichts-Angelegenheiten überreicht, sie gab am 28. 2. und am 1. 3. 1917 den Ausgangspunkt zu einer lebhaften Aussprache im Abgeordnetenhaus. Aus der Denkschrift seien hier einige Sätze wiedergegeben: „Der Krieg hat gezeigt, daß unsere Unkenntnis ausländischen Denkens erschreckend gewesen ist. Staatswissenschaftliches Verstehen der Gegenwart tut uns bitter not. Wir müssen Stellung nehmen zu den Problemen der Weltwirtschaft und der Weltpolitik. Die Auslandsstudien müssen ihren organischen Platz im akademischen Studium haben. Die gesamte deutsche Bildung muß ausländisch orientiert werden. Die gesamte Jugend muß mit weltpolitischem Denken erfüllt werden." Beachtenswert sind auch die Ausführungen des Prof. Dr. O. Franke, Hamburg, in der Kölnischen Zeitung vom 19. 2. 1917 über die „Auslandsstudien in Deutschland und Die Denkschrift des Preußischen Kultusministeriums."

Breslau. 1885 war Berlin die erste deutsche Universität, die eine zweite Professur für Erdkunde einrichtete. Heute sind noch die Hälfte der Geographie-Professuren mit Nicht-Geographen besetzt, das stellte Professor Penck im vergangenen Jahre fest. Trotzdem haben gerade die deutschen Geographen außerordentlich viel für die Wissenschaft geleistet. Noch unendlich umfangreich und mannigfaltig ist aber das, was noch zu bewältigen ist, gerade auf dem Gebiet der Länderkunde. Denn Länderkunde pflegen, heißt die Ergebnisse der Forschungen der allgemeinen Erdkunde für ein bestimmtes Gebiet zusammentragen. Die allgemeine Erdkunde beansprucht also selbst bei stärkerer Betonung der Länderkunde nach wie vor dieselbe ernste Arbeit. Die Zukunft bietet der Erdkunde eine solche Fülle von Arbeit, daß an einen Abschluß selbst der wichtigsten Aufgaben in absehbarer Zeit nicht gedacht werden kann. So war es schon vor dem Kriege, und nun hat der Krieg selbst noch störend und anregend zugleich gewirkt. Er hat die Reihen der Geographen gelichtet; manchen hoffnungsvollen Jünger der Erdkunde deckt heute der Rasen, und der Krieg ist noch nicht zu Ende. So raubt der Krieg uns die frischen jungen Kräfte, die dazu berufen waren, die erdkundlichen Probleme mit lösen zu helfen, und zu gleicher Zeit stellt er nicht nur neue Aufgaben, sondern wirft das über den Haufen, was vor dem Kriege war. Wieder ist es das Gebiet der Länderkunde, das am meisten betroffen ist.

Auch in unserem Vaterlande bereiten sich gründliche, umwälzende Änderungen vor. Selbst unser Volkscharakter ist in einer Wandlung begriffen. Der Krieg schweißt uns zusammen mit seiner harten Hand. Umringt von Feinden sind wir mehr als je aufeinander angewiesen. Wer Soldat hat werden müssen, den wirft der Krieg bald hierhin, bald dorthin. Heute ist der Hamburger von Hamburger Jungens umgeben, morgen ist er inmitten von Bayern, Sachsen oder Ostpreußen. Dazwischen lag wohl eine Erholungs- oder Genesungszeit in deutschen Lazaretten, bald im Westen oder im Osten Deutschlands, aber in der Heimat. Zum ersten Male ist wohl für manchen Hamburger der Süden oder Westen unseres Vaterlandes zur Heimat geworden. Zum ersten Male hat wohl mancher einfache und auch mancher gebildete Mann empfunden: Unser Deutschland beginnt dort, wo deutsch gesprochen wird, wo deutsche Ordnung, deutsche Reinlichkeit herrscht. Zwei und ein halbes Jahr solch gewaltsamer Mischung und Zusammenschweißung kann nicht spurlos an unserem Volke und seinem Charakter vorübergehen. Ja, selbst wir, die wir in der Heimat bleiben mußten, wir sind einander näher gebracht durch gemeinsames Erleben und gemeinsames Leiden und Entbehren. Vor dem unerbittlichen Kriege gibt es keinen Unterschied. Alle haben in gleichem Maße ihre Söhne, ihre Väter dem Vaterlande opfern müssen. Alle haben wir in gleicher Weise, mancher von uns vielleicht zum ersten Male, etwas von der grauen Not des Lebens empfunden durch die Sorge: Was werden wir essen? Wie sollen wir satt werden? Wie können wir uns mit oder ohne Bezugsschein kleiden? So ist die Zeit des Krieges für alle Deutschen eine Zeit gemeinsamen Empfindens. Eine Folge wird das sicher haben. Die Zerrissenheit Deutschlands in Stände und Parteien, die sich in kaum einem Lande der Welt so schroff gegenüberstanden wie bei uns, wird durch den Krieg wesentlich gemildert. Die Zersplitterung Deutschlands in Volksstämme mit unterschiedlichen Sitten und Gewohnheiten, ein Rest der einstigen Zersplitterung unseres Vaterlandes, wird durch den Krieg eine beträchtliche Abschwächung erhalten. Der Krieg prägt uns mit zwingender Gewalt wieder und wieder ein: Ihr alle seid in erster Linie Deutsche! Schwarz, weiß, rot stehen über Euren Landesfarben! Auch unser geliebtes Hamburger Wappen muß in den Hintergrund treten. Das deutsche Vaterlandsgefühl ist mächtig erstarkt.

Das ist eine Tatsache, mit der die Erdkunde rechnen muß. Ihre Aufgabe wird es sein, dies Gefühl der Zusammengehörigkeit zwischen den deutschen Stämmen und das Gefühl der Angehörigkeit zum großen deutschen Vaterlande zu kräftigen. Sie muß unser Vaterland besser kennen lehren. Da heißt es, alle Kräfte aufbieten, wenn die Wissenschaft ihre Forschungen auf dem Gebiete der Landeskunde Deutschlands zu einem gewissen Abschluß bringen will. Die Arbeit liegt bei der Zentralkommission für wissenschaftliche Landeskunde in guten Händen. Das erste Ziel ist, alle Teile Deutschlands gleichmäßig eingehend zu erforschen. Heimatkunden müssen geschrieben werden, die monographisch für ein abgeschlossenes Gebiet alles Erdkundliche zu einem Bilde zusammenfügen. Von solchen Heimatkunden gibt es noch nicht viele. Auch für Hamburg und Umgebung ist diese Heimatkunde noch nicht geschrieben. Und diese Heimatkunden sind eine Notwendigkeit für eine Erdkunde über Deutschland. So seltsam es für einen Laien klingen mag: Trotz mancher guten Werke über Deutschland fehlt uns das große, das alles umfassende erdkundliche Werk über Deutschland.

Während des Krieges ruhen im allgemeinen die Arbeiten an

der Landeskunde Deutschlands, da dringendere Aufgaben vorliegen. Das Vaterland hat die Geographen gerufen. Die besetzten feindlichen Gebiete müssen erforscht werden. Wir wissen, daß deutsche und österreichische Gelehrte in den besetzten Gebieten Belgiens, Frankreichs, Rußlands und der Balkanhalbinsel tätig sind. Ganz planvoll werden alle Gebiete durchforscht. Ich verweise nur auf den letzten Bericht von Prof. Dr. Friederichsen aus Rußland. Elf Gelehrte, fast alles Geographen, sind im Auftrage des Staates tätig, um das Gebiet des ehemaligen Kongreßpolens erdkundlich zu erforschen[1]). Der Bericht gibt uns einen Einblick in den Umfang der Arbeit. Sie schließt sich zu einer Heimatkunde des erforschten Gebietes zusammen. Die Gelehrten stehen mit ihrer Arbeit nicht nur im Dienste der Militärbehörden, sondern auch der Zivilverwaltung. Für den Staat sind selbstverständlich nicht die rein wissenschaftlichen Ergebnisse das Ziel, sondern die praktischen Schlußfolgerungen, die sich auf die augenblickliche und zukünftige wirtschaftliche Ausnutzung des Gebietes beziehen oder auf Fragen, die für die Friedensverhandlungen von Wichtigkeit sein können. Also neben der Wissenschaft hat auch der Staat, die Allgemeinheit unmittelbar Vorteil von der Arbeit. Nicht immer hat die Erdkunde in dieser nutzbringenden Weise gearbeitet. Es hat eine Zeit gegeben, wo wir Deutschen das Studium fremder Länder aus idealen Gründen pflegten. Wir hatten in der Fremde nur geringe Interessen; uns führte im allgemeinen der Forschungs- und Wissensdrang dorthin. Im Laufe der Zeit ist es anders geworden, besonders als wir vor einigen Jahrzehnten unsere Schutzgebiete erwarben. Dort gab es bestimmte Aufgaben, die gelöst werden mußten, falls die Schutzgebiete sich entwickeln sollten. Unsere Erdkunde war mit an erster Stelle bei der wirtschaftlichen Erschließung unserer Kolonien. Praktische Arbeit wurde geleistet. Dieser Zug zu praktischer Betätigung hat sich in der Erdkunde immer mehr verstärkt unter dem Zwange der Verhältnisse. Deutschland ist unmerklich hineingezogen in den Kreis der wirtschaftlichen Kräfte, die die Welt umspannen; Deutschland ist eingetreten in die Weltwirtschaft. Heute gibt es für uns Deutsche kein Land auf der Erde, das uns fern steht. Heute haben wir überall unsere Interessen. Das hat belebend und richtunggebend auf die Erdkunde als Wissenschaft eingewirkt. Denn jede Wissenschaft muß, wenn

[1]) Diese Kommission hat inzwischen, seit Januar 1917, eine wesentliche Veränderung erfahren; s. Zeitschrift der Ges. f. Erdkunde. Berlin, 1917. S. 126. Die Schriftleitung.

sie die Berührung mit dem Leben nicht verlieren will, den Bedürfnissen der Zeit Rechnung tragen.

Die Zeit forderte von uns, daß wir die Länder wirtschaftlich einschätzen lernten, mit denen wir im regen Austausch wirtschaftlicher Güter stehen, aus denen wir das zum Leben Notwendige erhalten und an die wir den Überschuß unseres Landes an Bodenschätzen und an Erzeugnissen der Industrie abgeben. Da mußte die Wirtschaftsgeographie auf den Plan treten. Sie pochte als besonderer Zweig der Erdkunde an die Pforten der Schulen und auch der Universitäten. Sie verlangte die Berücksichtigung, die ihrer Bedeutung entsprach. Nicht überall wurde die Wirtschaftsgeographie mit offenen Armen aufgenommen. Kein Wunder, denn es fehlte an Hochschullehrern für diesen so plötzlich zu kräftigem Leben erwachenden Zweig der Erdkunde. Gab es doch in Deutschland vor einigen Jahren noch keine einzige Professur für Wirtschaftsgeographie. In Berlin wurde 1911 die erste Professur eingerichtet, und noch heute gibt es an den deutschen Hochschulen nur diese Berliner Professur und auch nur als Extraordinarium. Die Wirtschaftsgeographie muß sich ihre Stellung an den deutschen Hochschulen erst erarbeiten. Sie kommt nicht allein; sie bringt eine Schwester mit: Die politische Geographie. Wirtschaftliche Beziehungen können wohl von einzelnen Menschen angeknüpft und gepflegt werden. Aber hinter den Einzelpersonen steht der Staat. Durch Zölle, gesetzliche Vorschriften, durch Erhebung von höheren oder niedrigeren Abgaben für Verkehrs- und Betriebseinrichtungen und durch andere Maßnahmen hat der Staat es in der Hand, den Handel und Verkehr zu hemmen oder zu fördern. Neben dem Kaufmann spielt also der Staatsmann, der Politiker, eine Rolle. Der Staat muß daher bei wirtschaftlichen Fragen mit in Rechnung gezogen werden. Da der Staat an den Raum und dessen Verhältnisse gebunden ist, kann bei der Lösung dieser politischen Fragen auch die Erdkunde mitsprechen. Man bezeichnet diesen Zweig der Erdkunde als politische Geographie. Ein volles Verständnis der wirtschaftlichen Verhältnisse kann nur dann angebahnt werden, wenn sich zur Wirtschaftsgeographie die politische Geographie gesellt. Hat die Erdkunde als Wissenschaft vor dem Kriege in der Pflege dieser beiden Forschungsgebiete genug getan? Ich will einen anerkannten Fachmann sprechen lassen, den Professor Hettner. In der Geographischen Zeitschrift schrieb er im November 1914:

„Nicht zu leugnen ist, daß die politische und die Wirtschaftsgeographie von den deutschen Geographen zu wenig gepflegt worden ist.“ „Die geographische Aufklärung des Volkes ist unbefriedigend.“

Auch auf der Heidelberger Tagung der deutschen Hochschulgeographen im April 1916 zeigte sich in den Beschlüssen dieselbe Erkenntnis. Einstimmig wurde dort folgender Satz angenommen:

„Unter Festhaltung ihrer rein wissenschaftlichen Aufgabe einer Natur und Menschen umfassenden Erforschung und Darstellung der Erdoberfläche muß die Geographie bestrebt sein, an den politischen und wirtschaftspolitischen Aufgaben unseres Volkes mitzuarbeiten.“

Im Anschluß an diese Forderung wird für jede Universität eine zweite etatsmäßige Professur verlangt zur Bewältigung der großen Aufgaben, die der Erdkunde gestellt werden, wie Wirtschaftsgeographie, politische Geographie, Auslandskunde u. a. m. Vor allen Dingen ist es aber dringend geboten, daß an jeder Universität und an jeder technischen oder Handelshochschule eine volle Professur der Geographie besteht oder begründet wird.

Wir sehen, wie die Erdkunde als Wissenschaft durch den Krieg neue Kraft empfängt, um der Erdkunde an der Universität die Stellung zu erkämpfen, die ihr zukommt. Und die berufenen Vertreter der wissenschaftlichen Erdkunde folgen nicht nur den Bedürfnissen der letzten Jahrzehnte, sondern auch den Forderungen des Krieges, wenn sie die Wirtschaftsgeographie und die politische Geographie besonderer Beachtung empfehlen.

Wir Hamburger können die Betonung dieser beiden Zweige der erdkundlichen Wissenschaft mit besonderer Freude begrüßen. Die Erdkunde arbeitet auf diesen Gebieten im Dienste des wirtschaftlichen Wohlergehens unseres Vaterlandes. Da kann Hamburg nicht gleichgültig beiseite stehen. Da sind wir sogar die Nächstbeteiligten. Denn unser Wohlergehen ist aufs engste verbunden mit dem wirtschaftlichen Wohl und Wehe Deutschlands. Hamburg ist das größte Eingangs- und Ausgangstor Deutschlands. Das hat Hamburg zu einem der ersten Brennpunkte der Weltwirtschaft gemacht. Von Hamburg geht das Netz der Schiffahrtslinien nach allen Teilen der Erde; es gibt kaum einen bedeutenden Hafen der Welt, der nicht von Hamburg in regelmäßiger Fahrt zu erreichen war. Was hat der Krieg aus Hamburg gemacht? Eine tote Stadt dort, wo vor dem Kriege das wirtschaftliche Leben Hamburgs am frischesten und eigenartigsten pulsierte. Unser Hafen und unsere Elbe sind Zeugen. Wann suchte im Frieden ein Hamburger seinen Hafen nicht auf? Am Sontag. Wie jetzt herrscht Tag für Tag im Hafen die Ruhe des Sonntags. Wie gerne ging der Hamburger hinaus auf das hohe Elbufer von Altona bis Blankenese, um die kommenden und gehenden Schiffe zu bewundern. Heute meidet mancher die schöne Gegend. Das ist nicht unsere Elbe, wie wir sie von Kindheit an kennen. Unsere Elbe und das geringe Leben und Treiben darauf gehören nicht zusammen. Doch laßt nur die Zeit des Friedens kommen. Wie ein Dornröschen wird Hamburg aus langem Schlafe erwachen. Neues Leben wird sich im Hafen und auf der Elbe regen. Hamburg wird wieder Fühlung nehmen mit der Welt. Aber wie wird die Welt aussehen? Sehr viel von dem, was uns die erdkundlichen Werke über Welthandel und Weltverkehr erzählen, wird gewesen sein. Neu muß der Bau der Weltwirtschaft wieder aufgerichtet werden. Ich bin kein Schwarzseher. Aber das ist meiner Meinung nach gewiß. Nie hat es für Hamburgs Handel und Verkehr so schwere Zeiten gegeben, wie sie uns nach dem Kriege bevorstehen. Ich will Sie nicht mit Zahlen behelligen; aber eine Zahl muß ich geben: 43 % des Hamburger Seehandels, also fast die Hälfte, ging im Jahre 1913 im Austausch mit unseren Feinden von heute vor sich[1]). Wie wird sich nach dem Kriege der Handel mit unseren Feinden entwickeln? Vernichten lassen sich die Handelsbeziehungen zwischen Kulturvölkern nicht. Der Handel mit unseren heutigen Feinden wird aber erschwert und eingeschränkt werden durch das gegenseitige Bestreben, den Handelsverkehr zu meiden. Es wäre auch unnatürlich, wenn nicht jeder wenigstens versuchen würde, anderweitig seine Bedürfnisse zu decken. Es kommt hinzu: zwei bis drei Jahre wirtschaftlicher Trennung gehen nicht spurlos an den Staaten vorüber. Industrien konnten sich entwickeln, da der auswärtige Wettbewerb erschwert oder gar ausgeschaltet war. Das trifft auch für die neutralen Staaten zu. Der Handel mit Industriewaren wird daher auf dem Weltmarkte manchen Weg versperrt finden. Auch der Verkehr kann nicht einfach die alten Bahnen wieder einschlagen. Manche Länder werden uns den Zugang erschweren, vielleicht für einige Zeit gar unmöglich machen. Auf den anderen Wegen des Weltverkehrs werden wir auf die im Schutze des Krieges erstarkte Handelsflotte der Neutralen treffen. Also Schwierigkeiten, wohin wir blicken. Eine weitere Erschwerung unseres künftigen Verkehrs mit den anderen Weltvölkern dürfen wir hier nicht vergessen. Wir sind von den meisten Völkern der

[1]) Unter Hinzurechnung der Vereinigten Staaten erhöht sich der Anteil des feindlichen Handels auf 56 %.

Erde für die Dauer des Krieges getrennt. Unsere Feinde, besonders die Engländer, haben uns unermüdlich und unverfroren in der ganzen Welt verleumdet. Man muß es den Engländern lassen, ihr Lügenfeldzug geht in so lückenloser Weise vor sich, daß es für einen Neutralen oder gar für einen Feind, der nur auf englische Quellen angewiesen ist, schwer hält, sich ein richtiges Bild von den Verhältnissen zu machen. Wir haben in diesem Saale von Professor Gürich gehört, wie er sich in Südafrika aus den feindlichen Berichten mit Hilfe der Karte ein einigermaßen richtiges Bild der Kriegslage hat machen können. Das setzt aber den Willen und die Fähigkeit voraus, die richtige Sachlage zu erkennen, und das wird man bei der großen Masse der feindlichen und neutralen Völker kaum erwarten dürfen. Professor Penck weilte bei Ausbruch des Krieges als Gast einer Gesellschaft zur Förderung der Wissenschaften in Australien. Er erzählt in seinem Buch „Von England festgehalten" über den Eindruck der ersten Nachrichten über den Krieg: „Wie ein Akt grenzenlosen Mutwillens und freventlichen Übermutes erschien nach den australischen Nachrichten das deutsche Vorgehen. Man mußte felsenfest von Deutschlands Aufrichtigkeit überzeugt sein, wenn man dieser Auffassung nicht beipflichten wollte." So tobt der Kampf der Entstellung und Verleumdung des deutschen Wesens über $2^1/_2$ Jahre. Wir müssen künftig der Welt beweisen, daß wir besser sind als unser Ruf.

Auf alle Fälle wird nach dem Kriege — er mag enden, wie er wolle — auf dem Weltmarkte ein wirtschaftliches Ringen sondergleichen entbrennen. Da gilt es für uns Hamburger, den alten Hanseatengeist zu zeigen, das heißt den kühnen Wagemut, der sich stützt auf reiche Lebenserfahrung, eine gute Menschenkenntnis und einen gesunden Blick für das im geeigneten Augenblick Notwendige. Die Hamburger Kaufleute und die Hamburger Reeder werden schon auf ihrem Posten sein. Es gilt aber auch heute, den Blick in die weitere Zukunft zu richten. Das Schicksal Deutschlands und Hamburgs auf dem Weltmarkt wird nicht im nächsten Jahrzehnt entschieden. Da heißt es vorsorgen. Dem Hamburger Nachwuchs muß das beste Rüstzeug gegeben werden, das ihm gegeben werden kann. Wie machte es bisher der künftige Hamburger Kaufmann, wenn er es zu etwas bringen wollte? Der junge Mann erhielt seine erste Ausbildung im Geschäft. Dann ging er nach drüben. Dort war er vielleicht zuerst unter Führung eines überseeischen Geschäftsfreundes und dann möglichst bald selbständig im Geschäftsleben tätig. Das war der sichere Weg der Praxis, der hat den Hamburger Handel auf die Höhe gebracht. Aber was einst ausreichte und gute Erfolge zeitigte, genügt den gesteigerten Ansprüchen von heute und von morgen durchaus nicht immer. Gewiß, mancher wird auch künftig auf diesem Wege zum Erfolge gelangen können. Aber die Zeit verlangt auch Kaufleute, die sich in eingehenderer Weise für den Kampf im wirtschaftlichen Leben vorbereiten. Wo sind die alten Zeiten, als unsere Hamburger Kaufleute als Bahnbrecher der Kultur den Grund zu unserem Handel in den neu erschlossenen Gebieten der Südsee und in Afrika legen konnten? Nach dem Kriege wird es kein Gebiet der Erde geben, wo der Kaufmann nicht Wettbewerber in größerer Zahl finden wird. Es sind auch nicht mehr wie einst einzelne Personen, denen er im Wettkampf gegenübersteht. Es sind oft Gesellschaften, die sich mit gewaltigen Kapitalien in dem umstrittenen Gebiet festzusetzen versuchen. Mehr und mehr pflegen auch die Staaten durch geeignete Maßnahmen oder Abmachungen die Bestrebungen ihrer Untertanen in fremden Ländern zu fördern. Das hat vor dem Kriege schon seinen Anfang genommen, das wird sich nach dem Kriege in verstärktem Maße dem Kaufmann bemerkbar machen. Da heißt es sich rüsten.

Eine gute geschäftliche Ausbildung ist selbstverständlich für jeden Kaufmann die Grundbedingung. Aber will der Kaufmann sich nicht nur im Weltgetriebe behaupten, sondern will er sich auch einen maßgebenden Einfluß verschaffen, dann muß er seinen Blick schärfen und weiten für die wirtschaftlichen und politischen Verhältnisse seines Wirkungskreises. Das vermag er meist nicht allein aus eigener Kraft, da *muß ihm die Wissenschaft helfen*. Der Kaufmann soll wahrlich kein Gelehrter werden; aber die Wissenschaft muß ihm zu der kaufmännischen Bildung soviel von den Ergebnissen ihrer Forschung übermitteln, wie ihm für den Kampf auf dem Weltmarkt nötig ist. Die Wissenschaft hat Deutschland hochgebracht. Dank der Hilfe der Wissenschaft haben wir Englands Industrie auf den meisten Gebieten geschlagen; dank der Wissenschaft können wir wirtschaftlich und militärisch den Krieg durchhalten; dank der Wissenschaft werden wir letzten Endes den Krieg gewinnen. *Die Zeit, in der die Praxis, die Erfahrung allein helfen konnte, ist dahin.* Das ist eine der wichtigsten Lehren des Krieges. Selbst England, das Land der Erfahrung, bekehrt sich unter dem Zwange des Krieges zu einer Anerkennung der Bedeutung der Wissenschaft für die Industrie und zieht die Wissenschaft in immer stärkerem Maße heran. Das Land wird in Zukunft am höchsten dastehen, das möglichst weite Kreise seines Volkes teilhaben läßt an den Ergebnissen der Wissenschaft. Möge der Kaufmann immer mehr durch die Tat zeigen, daß er die Bedeutung der Wissenschaft für seine Entwicklung richtig einschätzt. Die deutsche Kaufmannschaft ist schon auf dem Wege. Ich erinnere an die Handelshochschulen und für Hamburg an das Kolonial-Institut, unser Vorlesungswesen und andere Einrichtungen. Das sind Pflegestätten der Wissenschaften, die auch dem Kaufmanne offen stehen. Ganz naturgemäß hebt sich aus der Reihe der Wissenschaften für den Kaufmann die Erdkunde als eines der wichtigsten Studiengebiete heraus. Möge die Erdkunde daher in Hamburg ihre ganz besondere Pflege finden. Die Erdkunde ist in Hamburg nie vernachlässigt worden. Sie hat aber auch hier, wie überall darunter gelitten, daß sie besonders an den höheren Schulen als selbständiges Fach nicht besonders gewürdigt worden ist. Hoffentlich wird der Krieg den letzten Rest der Mißachtung der Erdkunde beseitigen. Soll es von Grund auf besser werden, müssen die Schulen der Erdkunde die richtige Stellung geben in ihrem Lehrplan. Damit kommen wir in die Kämpfe hinein, die die Geographielehrer der deutschen Schulen seit Jahren um die genügende Anerkennung und Berücksichtigung der Erdkunde führen.

Die Entwickelung der Erdkunde als Wissenschaft spiegelt sich wieder in der Entwickelung des erdkundlichen Unterrichts an den höheren Schulen. Am klarsten tritt dies in den Verhandlungen über Schulgeographie auf den deutschen Geographentagen hervor.

1909 hat sich der Geographentag in Lübeck sehr eingehend mit schulgeographischen Fragen beschäftigt. Die Vertreter der Schule wollten die Lehrpläne in neuzeitlichem Geiste ausbauen. Die Arbeit wurde aber dadurch noch gehindert, daß die Erdkunde selbst im Kreise ihrer Vertreter noch den Kampf um ihre selbständige Stellung zu kämpfen hatte.

1912 wurde auf dem Geographentag in Innsbruck eingehend die Frage der Beziehungen zwischen den naturwissenschaftlichen Fächern, der Biologie und der Geologie einerseits und der Erdkunde andererseits erörtert.

1914 wurde auf dem Geographentag in Straßburg ein Lehrplan für den erdkundlichen Unterricht an höheren Schulen vorgelegt. Der Lehrplan entsprach den Bedürfnissen der Zeit. Der Krieg, auch aus der Zeit geboren, hat auf die Erdkunde nicht umstürzend, sondern belebend gewirkt. Dadurch erklärt es sich, daß der Straßburger Lehrplan noch heute im allgemeinen das trifft, was gefordert werden muß. Nur dieses und jenes ist durch den Krieg schärfer hervorgehoben. Im folgenden möchte ich die wichtigsten dieser Forderungen herausheben. Soll die Erdkunde in der Schule ihre durch den Krieg noch gesteigerten Aufgaben erfüllen können, so müssen ihr die genügende Zeit und die geeigneten Lehrkräfte gegeben werden. Daraus ergeben sich für die höheren Schulen die beiden bekannten Forderungen:

1. Die Erdkunde muß als selbständiges Unterrichtsfach mit zwei Wochenstunden bis in die erste Klasse durchgeführt werden.

2. Der erdkundliche Unterricht, muß wie jeder andere von fachmännisch vorgebildeten Lehrern erteilt werden.

Diesen beiden Forderungen füge ich im Anschluß an meine Ausführungen für alle Schulen folgende hinzu:

3. Die Länderkunde bedarf besonderer Pflege. Deutschland steht dabei an erster Stelle; die übrigen Länder finde Berücksichtigung je nach ihrer Bedeutung für uns.

Da es wirtschaftliche und politische Fäden sind, die uns mit der Welt verbinden, ergibt sich daraus:

4. Wirtschaftsgeographie und politische Geographie müssen zu ihrem Recht kommen.

Bei den Gebieten, die mit einander in Berührung stehen, handelt es sich oftmals nicht um geographisch abgeschlossene Gebilde, sondern um Staaten. Gerade der Krieg hat uns gezeigt, wie staatliche Zusammengehörigkeit das zusammenhalten kann, was seinen erdkundlichen Bedingungen nach nichts mit einander zu tun hat. Umgekehrt zerreißen die Staatengrenzen bisweilen erdkundliche Einheiten. Wir müssen auch in der Schule mehr mit Staaten rechnen, als es vielleicht mancher erdkundlich geschulte Lehrer getan hat. Daher müssen wir fordern:

5. Die Staatenkunde darf nicht vernachlässigt werden.

Der Krieg fordert in verstärktem Maße, daß wir unser Vaterland und die wichtigsten fremden Länder möglichst gut kennen lernen. Daraus ergibt sich für den erdkundlichen Unterricht die Forderung: Die Heimatkunde muß besonders gepflegt werden. Denn hier in der Heimat müssen die Grundbegriffe für die richtige Erkenntnis der fernliegenden Gebiete gewonnen werden. Die Aufgabe der Heimatkunde ist es, für eine genügende Zahl klarer Vorstellungen zu sorgen. Diese Vorstellungen müssen möglichst durch eigne Anschauung erworben werden. Also muß die Heimatkunde zur Hauptsache im Freien betrieben werden. Da die Zahl der notwendigen erdkundlichen Vorstellungen außerordentlich groß ist und sehr vieles erst von größeren Schülern verstanden werden kann, muß die Heimatkunde auf allen Stufen betrieben werden. Da ferner auch die weitere Umgebung zum Ausbau der erdkundlichen Anschauung ausgenutzt werden muß, sind außer den Unterrichtsgängen auch Ausflüge und bei größeren Schülern selbst Reisen lehrplanmäßig zu fordern. Daraus ergibt sich:

6. Die Heimatkunde muß auf allen Stufen den Ausgangspunkt für die erdkundliche Erkenntnis bilden. Soviel wie möglich muß die Heimatkunde im Freien betrieben werden. Unterrichtsgänge, Ausflüge und bei größeren Schülern auch Reisen sind lehrplanmäßig zu fordern.

Eine sorgsame Pflege der Heimatkunde wird auch noch in anderer Hinsicht gute Folgen haben. Der Krieg hat gezeigt, wie wenig unsre Jugend im Verständnis und im Gebrauch der Karten geübt ist. Heimatkunde, richtig betrieben, muß diesem Mangel abhelfen. Ohne Karte ist heimatkundliches Wandern undenkbar. Höhenschichtenkarten im Maßstab 1 : 500 000 sind für 10 Pf. das Stück im Handel zu haben. Meßtischblätter 1 : 25 000 und Generalstabskarten 1 : 100 000 sind als Umdruckblätter zu einem billigen Preise aus Berlin zu beziehen. Es kann also eine Klasse leicht mit dem nötigen Kartenmaterial ausgestattet werden. Dann lernen die Kinder das, was sie im Freien vor sich haben, auf der Karte wiederfinden. Die Karte wird mit Leben erfüllt. Die Karte spricht zu den Kindern. Die Handkarte und dann der Atlas müssen für die Kinder ein Lesebuch werden, und zwar mit Hilfe der Anschauung im Freien. Dann werden die Schüler befähigt, sich auch in unbekannter Gegend nach der Karte zurechtzufinden. Damit haben wir die allgemeine Bildung gefördert und gleichzeitig den jungen Leuten, die ins Heer eintreten, eine gute Vorbildung gegeben. Daher stellt der Krieg an die Schule die Forderung:

7. Das Kartenlesen muß durch die Schule eifrig geübt werden.

Soll aber diese Forderung erfüllt werden, so muß jedes Kind Karten in die Hand bekommen und zwar Karten in den verschiedensten

Maßstäben, wie der Atlas sie bietet. Gewiß, Wandkarten sind unentbehrlich und ausgezeichnet für den Klassenunterricht. Kein Lehrer wird sie entbehren wollen. Aber daneben muß ein Atlas in der Hand des Kindes sein. Was es auf der großen Wandkarte beobachtet und gelernt hat, muß es auf den Karten des Atlasses mit den ganz andern Maßstäben wiedersuchen. Es muß im Hause nach dem Atlas wiederholen können. Für Hamburg ist die Forderung, daß jedes Kind seinen eigenen Atlas haben muß, erfüllt. Unsere Volksschule besitzt in dem Hamburger Atlas ein erdkundliches Lese- und Lernbuch, wie wir es uns besser kaum denken können. Und doch haben wir vor dem Kriege an einen Ausbau dieses Lehrmittels gedacht. Wir wollten danach streben, einen zweiten Atlas für unsere Volksschule zu erlangen, und die Oberschulbehörde war nicht abgeneigt, in die Vorbesprechung einzutreten. Dann sollte unser jetziger Atlas für die Klassen 2 bis Selekta benutzt werden; daneben sollte ein einfach gehaltener Atlas für die Klassen 5—3 geschaffen werden. Jeder Atlas würde auf diese Weise 3 Jahre in der Hand des Schülers sein. Das ist wohl die höchste Lebensdauer für einen Atlas, wenn er in gebührendem Umfange im erdkundlichen Unterricht benutzt wird.

Wie steht es nun in andern Teilen unseres Vaterlandes? Dort findet der Atlas im allgemeinen nicht die genügende Beachtung. In Preußen darf nach den heute noch gültigen allgemeinen Bestimmungen vom Jahre 1872 „den Schülern der mehrklassigen Volksschulen die Anschaffung eines Handatlasses zugemutet werden“. Das war 1872 die Meinung des preußischen Kultusministers. Und heute ist man in Preußen nicht einmal auf diesem Standpunkt stehen geblieben. Selbst in den meisten preußischen Städten mutet man den Kindern nicht zu, daß sie sich einen Handatlas anschaffen. Es ist erstaunlich, wie gering in vielen Schulen die Zahl der vorhandenen Atlanten ist. Schon in unsern Nachbarstädten Altona, Harburg und Wandsbeck gehören die Atlanten in den Volksschulen zu den Seltenheiten. Und in den meisten andern Teilen unseres Vaterlandes liegen die Verhältnisse nicht viel besser. Woran liegt das? Am Kostenpunkt sicher nicht, kann man doch schon für 50 Pfennig bis 2 Mark einen brauchbaren Schulatlas kaufen. Es liegt an der mangelnden Wertschätzung des Atlasses als Unterrichtshilfe. Der Staat hat ein Interesse daran, daß hier eine Änderung eintritt. Er will Rekruten haben, die Karten lesen können; er will Staatsbürger und Staatsbürgerinnen haben, die gewohnt sind, die Ereignisse des Tages innerhalb und außerhalb unseres Vaterlandes auf der Karte zu verfolgen. Wandkarten kann man ihnen nicht mit ins Leben hinausgeben, wohl aber einen Atlas. Der Krieg gibt der Forderung, die sich aus dem Vorstehenden ergibt, besonderen Nachdruck:

8. Jedes deutsche Schulkind muß seinen eigenen Handatlas haben.

Zum Schluß möchte ich noch auf die Bedeutung einer richtigen Verwendung der Statistik in der Schule hinweisen. Die Statistik arbeitet mit der Zahl. Die meisten Menschen müssen schon ein persönliches Interesse haben, wenn sie Zahlen, gesprochen oder gedruckt, in größeren Mengen vertragen sollen. Doch bleibt das Wort Goethes wahr: „Man sagt oft, Zahlen regieren die Welt. Das ist aber gewiß: Zahlen zeigen, wie sie regiert wird.“ Bezeichnend ist die Tatsache, daß wir diesen Goetheschen Satz im deutschen Wortlaut als Leitmotiv in dem bekanntesten englischen statistischen Werk in „The Statesman's Yearbook“ finden. Selbst in der Kriegsausgabe im Jahr 1916 ist er nicht verschwunden. Zahlen zeigen, wie die Welt regiert wird, das hat uns der Krieg gelehrt. Wir alle, die wir den Krieg erlebt haben, wissen die Bedeutung der Zahl zu schätzen. Mit Zahlen messen wir die Stärke der Kämpfenden und unsere Kriegserfolge; mit Zahlen wird uns unser täglich Brot zugeteilt. Zahlen haben uns sogar den Krieg gebracht. Als die Engländer den Wettbewerb des Auslandes immer mehr verspürten, da haben die Zahlen der Statistik ihnen die Gewißheit gegeben, daß wir Deutschen ihre gefährlichsten Wettbewerber waren. Zahlen spielen in der Erdkunde eine ausschlaggebende Rolle. Sie geben uns erst ein abgeschlossenes erdkundliches Bild von der Größe, dem Klima, den Bodenverhältnissen, den wirtschaftlichen Zuständen eines Landes. Die Zahlen dürfen in der Schule nicht um ihrer selbst willen gegeben werden. Zahlen läßt man nicht einprägen; durch Vergleich macht man sie verständlich und gibt ihnen Leben. Was auf den Gebieten der Chemie und der Physik die Versuche sind, das sind in der Erdkunde die Zahlen. Sie sind der Ausgangspunkt für Schlußfolgerungen. Wie die physikalischen und chemischen Versuche in der Schule im allgemeinen keinen Anspruch erheben können auf wissenschaftliche Genauigkeit, so geht es in der Erdkunde mit den Zahlen. Grob abgerundet tun sie in der Schule noch gute Dienste. Die Kinder müssen lernen, sich ein Bild zu machen von dem, was die Zahl uns sagen will. Ich gebe den Kindern 2 Zahlen über die Landwirtschaft in Deutschland und in Rußland. Im Jahre 1911 wurden auf den Hektar geerntet in Deutschland 21 und in Rußland 5 Doppelzentner Weizen, also in Deutschland viermal soviel. Was für Schlußfolgerungen lassen sich ziehen über den Stand der geistigen Bildung, über den Stand der Landwirtschaft in beiden Ländern! Die meisten Erwachsenen sind gar nicht gewöhnt, größere Zahlen zu erfassen. Ich vergesse nicht den Herbst 1914. Antwerpen war gefallen. Amtlich wurde uns mitgeteilt: Wir haben in Antwerpen 4 Millionen kg Getreide gefunden. Ganz naiv meinte eine Zeitung: „Nun hat alle Not in Deutschland ein Ende". Leicht läßt sich ausrechnen, Hamburg würde heute zurzeit der Brotkarten mit diesen 4 Millionen kg Getreide gut 14 Tage ausreichen und für Deutschland ist die 4 bis 5fache Menge nötig, um nur einen einzigen Tag auszukommen. In den Zahlen steckt das frisch pulsierende Leben. Es zeigt sich aber nur dem, der sich liebevoll und voller Geduld in die Zahlen vertieft. Das muß die Schule den Schülern lehren. Ich fasse meine Forderungen in folgender Form zusammen:

9. Den Zahlen der Statistik muß im erdkundlichen Unterricht die gebührende Stellung eingeräumt werden. Die Hauptaufgabe der Schule muß es sein, Zahlen mit Verständnis lesen zu lehren.

Ich will jetzt schließen mit den allgemeinen Forderungen für den erdkundlichen Unterricht; ich muß aber bekennen, daß ich noch nicht am Ende bin. Ich habe nur eine Auswahl geboten und die Forderungen gestellt, die mir zurzeit die wichtigsten zu sein scheinen.

Wie steht es nun in Hamburg mit dem erdkundlichen Unterricht in den verschiedenen Schulgattungen?

Wir in der Volksschule sind mit unserem erdkundlichen Lehrplan im allgemeinen gut beraten. Was die Zeit fordert, können wir im Rahmen desselben wohl ausführen. Hamburg und Deutschland werden auf allen Stufen in den Mittelpunkt des Unterrichts gestellt. Hamburgs und Deutschlands Stellung in der Weltwirtschaft, das ist eine der Hauptaufgaben. Unser Lehrplan leidet nur an Überfülle des Stoffes. Es soll das gesamte Gebiet der Erdkunde möglichst lückenlos mit den Kindern durchgearbeitet werden. Das Ziel ist wegen Zeitmangels beim besten Willen nicht zu erreichen. Es müßte die Möglichkeit gegeben werden, daß das, was durchgenommen wird, auch gründlich verarbeitet werden kann. Bei der Länderkunde könnte z. B. vorgeschrieben werden, daß nur die wichtigsten fremden Länder eingehend durchgenommen werden sollen und die übrigen nur in Form einer Übersicht. Dann kann wenigstens bei einigen fremden Ländern gezeigt werden, wie man ein Land erdkundlich betrachten soll. Die Schule kann doch niemals alles nehmen; sie kann die Kinder aber anregen zu selbständiger Weiterarbeit.

Bei den höheren Schulen kann ich mich als Außenstehender nur an das halten, was die Lehrpläne vorschreiben. Nur die Realschulen haben bis zur Oberstufe 2 Wochenstunden für Erdkunde. Alle Zweige der Erdkunde sind bedacht. Aber die Wirtschaftsgeographie findet im Lehrplan nur Raum an einer Stelle. In der 2. Klasse heißt es: Die wichtigsten Verkehrs- und Handelswege der Gegenwart. Das ist nur Verkehrsgeographie. Gewiß können die wirtschaftsgeographischen und wirtschaftspolitischen Erörterungen bei der Länderkunde genommen werden. Sie müßten aber auch lehrplangemäß gefordert werden. Es wäre auch zu wünschen, daß die erdkundlichen Betrachtungen auf allen Stufen auf heimatliche Anschauung gestützt werden müßten und nicht nur in den Klassen 6 und 1. Auch auf den Nutzen von Unterrichtsgängen und Schulreisen müßte hingewiesen werden.

Und nun die neunstufigen höheren Schulen! Ich habe nie die ständigen Klagen der Geographielehrer der höheren Schulen in Zeitschriften und auf den Geographentagen so sehr als berechtigt anerkannt, als beim Lesen der Hamburger erdkundlichen Lehrpläne für unsere neunstufigen Schulen. Schon beim Lehrplan für die Oberrealschulen war ich bitter enttäuscht. In den drei oberen Klassen ist es zu Ende mit dem selbständigen erdkundlichen Unterricht. Nur für die allgemeine physische Erdkunde und die Wirtschaftsgeographie sind im ganzen 2—3 Stunden festgesetzt. Der Rest der Erdkunde ist aufgeteilt. Die Mathematik erhält die mathematische Erdkunde und die Astronomie; die Physik die Meteorologie; der Biologie ist die Tier- und Pflanzengeographie und Anthropologie zugewiesen, und die politische Erdkunde der Geschichte und dem fremdsprachlichen Unterricht. Die Erdkunde muß von der Gnade anderer Fächer leben. Die Erdkunde ist eine zusammenfassende Wissenschaft, die die Einzelerscheinungen aus den verschiedensten Wissenschaften zu einem Gesamtbild zusammenfügt. Und nach dem Lehrplan der hiesigen Oberrealschule baut man in 6 Jahren einen Bau auf, um ihn in den letzten 3 Jahren nicht in seiner Gesamtheit, sondern nur in seinen Teilen zu betrachten, und zwar nicht mit den Augen eines Geographen. Das geschieht auf den Oberrealschulen, die doch, wie der Name andeutet, ganz besonders den Bedürfnissen des praktischen Lebens dienen sollen.

Auf den Realgymnasien und den Gymnasien liegen die Verhältnisse noch ungünstiger. Hier gibt es nur in den 3 untersten Klassen 2 Geographiestunden, dann folgt je eine Geographiestunde, die auf den 3 oder 2 Oberstufen mit der Geschichte verbunden ist. Von einer erdkundlichen Schulung kann unter diesen Umständen überhaupt nicht gesprochen werden. Das mag einst nicht von erheblicher Bedeutung gewesen sein. Heute muß es aber als ein Mangel an allgemeiner Bildung bezeichnet werden. Die Schule soll ihre Zöglinge für das Leben vorbereiten. Die Forderungen, die das Leben an die Menschen stellt, sind Wandlungen unterworfen. Die Schule muß diesen Wandlungen Rechnung tragen. Kein Mensch wird von ihr erwarten, daß sie allem Neuen sofort die Tore öffnet. Es muß Ruhe und Gleichmaß in der Schularbeit gesichert sein. Wenn sich aber draußen im Leben umwälzende Änderungen durchgesetzt haben, wenn die Zeit ganz andere Anforderungen an die Menschen stellt, dann darf auch die Schule nicht zurückbleiben. Und heute leben wir in einer solchen Zeit. Schon vor dem Kriege verlangten die Verhältnisse gebieterisch, daß wir mehr der Gegenwart leben müssen als bisher. Und der Krieg hat diese Forderungen in verschärftem Maße gestellt. Nach dem Kriege müssen wir ein Geschlecht haben, das die Erfordernisse der Gegenwart versteht. Nur dann werden wir im Kampfe der Völker bestehen können. Denn wir stehen nicht allein in der Welt; tausende von Fäden verknüpfen uns wirtschaftlich und politisch mit allen Teilen der Erde. Ein eingehendes Studium der Erdkunde ist gerade für die Schüler eine Lebensnotwendigkeit. Das gesamte deutsche Volk kann nicht gleichgültig dem Kampf der Geographielehrer für eine bessere Bewertung der Erdkunde an diesen höheren Schulen zuschauen. Hängt doch unser aller Wohl und Wehe mit ab von der Art des Unterrichts an den höheren Schulen. Liefern diese Schulen uns doch die Studenten für unsere Universitäten. Gehen aus ihren Kreisen doch meist die Männer hervor, in deren Händen dereinst die Geschicke unseres Vaterlandes liegen werden. Solche Männer müssen von Jugend auf gewöhnt werden, sich in der Gegenwart und ihrem tausendfach verschlungenen Leben zurechtzufinden. Unsere Gymnasien und Realgymnasien leben mit unseren Schülern zu sehr in der Vergangenheit; es fehlt daher dem Unterricht die Lebensnähe[1]). Selbst in den Kreisen

---

[1]) Siehe die Anmerkung auf Seite 8 über die „Denkschrift zur Förderung der Auslandsstudien". Aus der Rede, die der Kultusminister von Trott zu Solz am 28. 2. 1917 im Abgeordnetenhause hielt, sei hier

der Altphilologen regte sich diese Erkenntnis; unter dem Drucke der Ereignisse des Krieges trat sie in verstärktem Maße hervor. Unsere Schule muß mehr deutsch werden. Deutsch, Geschichte, Erdkunde müssen bis in die Oberstufe hinein stärkere Berücksichtigung finden, das sind die Forderungen. Auch bei den deutschen Regierungen zeigt sich die Bereitwilligkeit, etwas zu tun. Der erste Schritt vorwärts ist in Baden gemacht. Laut Verordnung vom 7. Juli 1916 des Ministeriums für Kultus und Unterricht wird der Lehrplan der höheren Schulen für Deutsch, Geschichte und Erdkunde abgeändert. In allen Schulen soll die Erdkunde bis zur ersten Klasse mit einer Wochenstunde als selbständiges Fach durchgeführt werden. Diese ausgesparten besonderen Erdkundestunden müssen gewissenhaft eingehalten werden. In allen Klassen sind die Leistungen der Schüler mit besonderer Notengebung zu bewerten. Bis Ostern 1919 soll diese Verordnung erprobt werden. Die Zeit wird schon lehren, daß auch die 2. Wochenstunde bis in die Oberklassen der höheren Schulen nötig ist.

Im Anschluß an die höheren Schulen möchte ich vom Seminar, der einzigen höheren Schule Hamburgs, die unseren Volksschulen organisch angegliedert ist, sprechen. Der Lehrplan für Erdkunde ist gut. Er zieht alle Gebiete in genügender Weise in den Kreis seiner Betrachtungen. Aber das Seminar ist eine höhere Schule, also ist die Erdkunde nicht wichtig genug, um bis in die Oberstufe durchgeführt zu werden. In der 2. Klasse hört die Erdkunde auf. Der Grund liegt darin, daß auf der Oberstufe Raum sein muß für die unterrichtlichen Übungen der Seminaristen. Weshalb muß aber die Erdkunde das leidende Fach sein? Ich hoffe, auch im Seminar wird der Krieg dazu helfen, dem Fach auch in der ersten Klasse 2 Wochenstunden zu verschaffen. Aus dem Geschichtsplan des Seminars möchte ich eins erwähnen. In der zweiten Klasse sollen die Grundzüge der Volkswirtschaft durchgenommen werden. Das ist sicher ein nachahmenswertes Beispiel. Wieviele Begriffe,

---

ein Satz wiedergegeben: Ein Weltvolk, wie wir es jetzt geworden sind, bedarf der Auslandskenntnisse als Rüstzeug nicht nur für seine Auslandsbeamten und seine Auslandsinteressenten, sondern als einen Bestandteil seiner nationalen Bildung überhaupt.“ Durch eine Änderung der Lehrpläne unserer höheren Schulen könnte diese nationale Bildung der künftigen führenden Kreise unseres Volkes in ganz anderem Maße gewährleistet werden. Und damit wäre auch die Grundlage gewonnen für eine bessere „außenländische Orientierung“ dieser Kreise, für ein Verständnis der weltpolitischen Aufgaben Deutschlands.

mit denen die Wirtschaftsgeographie arbeiten muß, können dort geklärt werden.

Mit einigen Worten muß ich auch noch über den erdkundlichen Unterricht an den höheren Schulen für das weibliche Geschlecht sprechen. In unseren Lyzeen wird dem Lehrplan nach großes Gewicht auf die wirtschaftsgeographischen Verhältnisse gelegt. Eigenartig ist aber die Verquickung der Erdkunde und der Biologie in den Klassen 8, 7, und 2. Da wird es vom Lehrer abhängen, ob es mehr biologischen oder erdkundlichen Unterricht gibt. In Klasse 1 ist selbstverständlich nur eine Geographiestunde und ebenso in der sich anschließenden 3 stufigen Studienanstalt. Es ist schon ein Gewinn, daß an diesen Anstalten der erdkundliche Unterricht bis oben hin als selbständiges Unterrichtsfach durchgeführt wird. Aber die 2. Wochenstunde muß auch hier gefordert werden. Der Stoff des Lehrplans bedürfte keiner Erweiterung; er reicht auch für die doppelte Unterrichtszeit aus.

Zum Schluß müssen wir noch einen Blick in unser Fortbildungsschulwesen werfen. In Hamburg gibt es kaufmännische Fortbildungsschulen für beide Geschlechter. Bei den jungen Leuten wird in allen Fächern unterrichtet, die für den zukünftigen Kaufmann nötig sind; nur die Erdkunde sucht man im Stundenplan vergebens. Mit kleinen Abweichungen kehrt derselbe Stundenplan bei den weiblichen Handlungsbeflissenen wieder, wenigstens in den Abendkursen. Daneben finden wir aber für die Ausbildung der weiblichen kaufmännischen Jugend eine andere Einrichtung und zwar einen Handelskurs mit geschlossenem Lehrplan. Hier, wo es gilt eine abgerundete Ausbildung zu geben, tritt auch die Erdkunde als Unterrichtsfach und zwar als Verkehrsgeographie auf. Der Handelskurs dauert 3 halbe Jahre. Nur im letzten Halbjahr tritt die Erdkunde mit 2 Unterrichtsstunden wöchentlich auf. Das ist zu wenig. Aber es ist doch immerhin Gelegenheit, Erdkunde mit den jungen Mädchen zu treiben. Wenn der Lehrer allerdings nach dem Wortlaut des Lehrplanes geht, würde nicht viel bei dem Unterricht herauskommen. Verkehrsgeographie ist ein Gerippe. Verkehr ohne Warenhandel ist undenkbar. Die Geographie des Warenhandels muß als das wichtigere vorangestellt werden; die Verkehrsgeographie schließt sich von selbst an. Gewiß kann durch die Einrichtung von Verkehrsmöglichkeiten der Warenhandel gehoben werden; aber wenn die Waren fehlen, kann der Verkehr sich nicht entwickeln. Es müßte demnach im Lehrplan Wirtschaftsgeographie und nicht Verkehrsgeographie gefordert werden.

Das Fehlen des erdkundlichen Unterrichts im Lehrplan für die männliche kaufmännische Jugend ist auch seitens der Behörden als Lücke empfunden. Seit einigen Jahren finden für die Schüler der kaufmännischen Fortbildungsschulen Vorträge künstlerischen und wissenschaftlichen Inhalts statt; auch die Erdkunde hat hier ihre Beachtung gefunden. Gewiß ein Fortschritt. Aber Vorträge können niemals den Klassenunterricht ersetzen. Bei Vorträgen sind die Schüler nur aufnehmend, beim Unterricht aber auch gebend. Gerade der Unterricht wird der lebendigste sein, bei dem Lehrer und Schüler gemeinsam an der Bewältigung des Stoffes arbeiten, und dazu ist die Wirtschaftsgeographie vorzüglich geeignet wegen ihrer innigen Verknüpfung mit dem täglichen Leben. Wenn schon die jungen Mädchen, besonders soweit sie in den kaufmännischen Beruf eintreten wollen, in den Geographiestunden so lebhaft bei der Sache sind, um wieviel mehr muß das bei den jungen Leuten sein, deren Interesse für derartige Fragen im allgemeinen wohl noch tiefer und nachhaltiger zu sein pflegt. Also Wirtschaftsgeographie gehört als selbständiges Fach auch in unsere kaufmännischen Hamburger Fortbildungsschulen für das männliche Geschlecht. In Preußen hat man die Bedeutung der Wirtschaftsgeographie für die kaufmännischen Fortbildungsschulen lange erkannt. Schon im Jahre 1909 berichtete die Kommission für den erdkundlichen Unterricht auf dem Lübecker Geographentag, daß in Preußen die Wirtschaftsgeographie als besonderes Fach in den meisten kaufmännischen Fortbildungsschulen aufgenommen sei, und zwar wird von den sechs zur Verfügung stehenden Stunden in der Regel eine darauf verwandt, also ein Sechstel der Zeit. Das heißt der Bedeutung der Erdkunde für den Kaufmannsstand gerecht werden. Wichtig ist, daß besonderer Wert darauf gelegt werden soll, daß der Zusammenhang zwischen den gegenwärtigen wirtschaftlichen Verhältnissen und ihren geographischen Bedingungen herausgearbeitet werden soll. Weiter wird berichtet: In den gewerblichen Fortbildungsschulen fehlt die Zeit, besondere Stunden für Wirtschaftsgeographie einzurichten. Gelegentlich soll der Lehrer auf die wirtschaftsgeographischen Beziehungen hinweisen und soll bei jeder sich bietenden Gelegenheit die Karte benutzen. Also wenn man nur die Zeit hätte, möchte man die Wirtschaftsgeographie als selbständiges Unterrichtsfach einführen. Vielleicht wird auch hier der Krieg helfen und wird der Erdkunde und im besonderen der Wirtschaftsgeographie in allen Fortbildungsschulen einen Platz erobern. Für

Hamburg, als einen der ersten wirtschaftlichen Mittelpunkte der Welt gilt die Forderung der Berücksichtigung der Wirtschaftsgeographie in allen Fortbildungsschulen im erhöhten Maße. Es muß dann aber auch für eine Ausbildung der Lehrer an den Fortbildungsschulen in der Wirtschaftsgeographie Sorge getragen werden.

Wenn ich von Hamburger Bildungsstätten spreche, darf ich unser Kolonialinstitut und unser Vorlesungswesen nicht vergessen. Unser Kolonialinstitut ist schon lange über den Rahmen den sein Name andeutet, hinausgewachsen. Auch das Vorlesungswesen zeigt ein stetes Fortschreiten. Wohin die Entwickelung beider Einrichtungen drängen wird, ob sich eine Auslandshochschule, eine Handelshochschule für Weltwirtschaft und Weltwirtschaftspolitik oder eine allgemeine Universität daraus entwickeln wird, das zu erörtern gehört nicht zu meinem Thema. Wie aber auch das Kolonialinstitut und das Vorlesungswesen ausgebaut werden mag, eines wird unverändert bleiben: Sie werden ihre Tätigkeit in den Dienst unserer Vaterstadt und unseres Vaterlandes stellen. Als Hamburger Einrichtungen werden sie den wirtschaftlichen Verhältnissen besondere Beachtung schenken. Dann wird auch die Erdkunde im allgemeinen und die Wirtschaftsgeographie im besonderen zu ihrem Rechte kommen. Das ist meine Hoffnung, die sich auf den bisherigen Aufbau der beiden Einrichtungen gründet. Sie gehen durch den Krieg mit angeregt in der angedeuteten Richtung vorwärts. Ich weise auf die „Hamburger Forschungen“ hin mit ihrem ersten Band über Arabien und auf den „Wirtschaftsdienst“; er nennt sich zwar im Untertitel „Kriegswirtschaftliche Berichte über das Ausland“. Ich hoffe aber, der „Wirtschaftsdienst“ wird auch nach Schluß des Krieges fortgeführt werden, um die reichen Schätze des wirtschaftlichen Archivs der Öffentlichkeit zugänglich zu machen. Für den Kaufmann, den Industriellen bietet er eine Umschau über die wirtschaftliche Lage des Weltmarktes; für die Vertreter der erdkundlichen Wissenschaft ist er eine Quellensammlung für wirtschaftsgeographische Arbeiten. Auch im Vorlesungswesen spiegelt sich die Zeit wieder. Trotzdem einige Hamburger Vertreter der erdkundlichen Wissenschaft den feldgrauen Rock haben anziehen müssen, tritt die Erdkunde unter den Vorträgen hervor. Ich hoffe, daß nach dem Kriege die Erdkunde eine noch verstärkte Pflege finden möge. Gibt es doch unter der Wissenschaften keine, die in Hamburg eines weitgehenderen Interesses sicher ist. Die Tatsache, daß unsere „Geographische Gesellschaft“ blüht und gedeiht, ist der beste Beweis dafür.

Die Geographische Gesellschaft ist eine wissenschaftliche Gesellschaft, die nach ihren Satzungen die „geographische Wissenschaft fördern und das Interesse für dieselbe beleben will". Sie hat auch während des Krieges getreulich diese Aufgabe erfüllt. Selbstverständlich spiegelte sich auch in ihrer Tätigkeit der Einfluß des Krieges auf die Erdkunde wieder. Wir haben hier von unseren Kriegsschauplätzen gehört; wir haben die Länder unserer Verbündeten und unserer Feinde kennen gelernt. Es hat sich ganz von selbst ergeben, daß die Länderkunde mehr in den Vorderund getreten ist, und daß die wirtschafstgeographischen Tatsachen stärker betont worden sind. Auch politisch-geographische Fragen haben uns hier beschäftigt. So hat in dieser Zeit ganz unmerklich das hier seine Pflegestätte gefunden, was die erdkundliche Wissenschaft in dieser Kriegszeit besonders interessieren mußte. Diese Einwirkung des Krieges auf unsere Geographische Gesellschaft hätte auch nicht ausbleiben dürfen, da unser Verein wie die Wissenschaft mit dem Leben und seinen Bedürfnissen in Berührung bleiben muß. Und die Gegenwart wird so vollkommen durch die kriegerischen Ereignisse beherrscht, daß die Erdkunde als Wissenschaft und damit auch unsere Gesellschaft die durch den Krieg angeregten Fragen besonders pflegen mußte.

Wie wird es aber nach dem Kriege um unsere Geographische Gesellschaft bestellt sein? Ich glaube, unsere Gesellschaft muß sich schon heute ernstlich die Frage vorlegen: Wie können wir unsere Vereinseinrichtungen ausbauen, um den nach dem Kriege gesteigerten Ansprüchen der Vereinsmitglieder und der Allgemeinheit zu genügen?

Schon meine heutigen Ausführungen weisen auf eine Möglichkeit des Ausbaues unserer Versammlungen hin. Ich habe heute mancherlei Fragen angeregt, manche Behauptung aufgestellt. Ich weiß, daß Sie nicht mit allem einverstanden sind, was ich hier gesagt habe. Eine Aussprache kann nach den Satzungen stattfinden. Für heute abend hat der Vorstand überdies den besonderen Wunsch ausgesprochen: „Eine Erörterung im Anschluß an den Vortrag durch Teilnehmer der Versammlung ist erwünscht." Ich nehme daher an, daß dieser oder jener aus der Versammlung das Wort ergreifen wird. Aber zu einer eigentlichen Aussprache dürfte es kaum kommen; denn diese müßte eine gründliche sein. Und das ist wiederum für heute Abend nicht möglich — um $10^1/_2$ haben wir Polizeistunde. Es wäre auch nicht wünschenswert; denn es würde die Versammlung ermüden. Eine Aussprache und zwar eine sehr gründliche wäre aber doch sehr dringend z. B. für die schulgeographischen Fragen zu wünschen. Der gegebene Ausweg ist die Einrichtung auch von Arbeitsversammlungen. In diesen Versammlungen würden sich dann die Mitglieder vereinigen, die durch eine besonderes Thema zusammengeführt werden; im kleineren Kreise können sie im regen Gedankenaustausch erdkundliche Fragen gründlich erörtern. Das hätte für alle Mitglieder noch den Vorteil, daß sich die Kreise genauer kennen lernen, deren Interessen gleiche Richtungen zeigen.

Ein zweiter Wunsch betrifft die Veröffentlichungen unserer Gesellschaft. Ich möchte anregen, die Form einer Zeitschrift zu wählen. Das heißt, es würden künftig nicht wie bisher 1—2 stärkere Bände, sondern 6—8 weniger starke Hefte erscheinen. Eine Folge wäre, daß die Gesellschaft statt einiger umfangreicherer Arbeiten eine größere Anzahl kleinerer Aufsätze den Mitgliedern bieten könnte. Ein Vorteil wäre, daß in kürzerer Zeit möglichst alle Gebiete der erdkundlichen Wissenschaft bedacht werden könnten. Ferner wäre Raum für kleine Mitteilungen und für Bücherbesprechungen. Ich weiß, ich rege damit eine Neuerung an, die reiflich überlegt sein will.

Das wären meine Vorschläge bezüglich der inneren Vereinstätigkeit. Nach den Satzungen ist aber die Arbeit nicht auf den Kreis der Mitglieder beschränkt. Die Geographische Gesellschaft will auch für die Allgemeinheit arbeiten und hat dies durch Unterstützung von Forschungsreisen und durch andere Maßnahmen schon oft bewiesen. Ich möchte heute Abend dem Wunsche Ausdruck geben, daß unsere Geographische Gesellschaft eine besondere Aufgabe darin sehen möchte, erdkundliche Bildung in den weitesten Kreisen des Volkes zu verbreiten. Wir würden dann mit unserer Arbeit auf dem Wege sein, den die deutschen Hochschullehrer für Geographie in Heidelberg im April 1916 kennzeichneten durch folgenden einhellig gefaßten Beschluß:

„Ein fernerer Mangel, den der Krieg offenbart hat, ist das unsichere politische Urteil im deutschen Volke. Neben der mangelhaften politischen Erziehung beruht es auf unzulänglichen erdkundlichen Kenntnissen. Als Mittel zur Abhilfe empfiehlt sich neben besserem erdkundlichen Unterricht die Verbreitung erdkundlichen Wissens und Verstehens durch Wort und Schrift, die von geographischen Gesellschaften oder ähnlichen geographischen Organisationen ausgehen könnte."

Ein Weg, der uns in Hamburg in dieser Richtung vorwärts

bringen könnte, ist leicht zu finden. Es bedürfte nur einer Zusammenarbeit mit der „Patriotischen Gesellschaft“, in deren Haus wir hier Gastfreundschaft genießen. Sie wissen alle, mit welch außerordentlich günstigem Erfolge die Patriotische Gesellschaft durch Klassiker- und Opernaufführungen und durch Konzerte für Erwachsene und Kinder zur Hebung des künstlerischen Empfindens unserer Hamburger Bevölkerung beigetragen hat. In derselben Richtung geht die Arbeit des Hamburger Jugendschriftenausschusses mit seinen Sonntagsunterhaltungen und die Arbeit der Vereinigung für Volkskonzerte. Alle diese Darbietungen sind nicht umsonst — aber doch ist „ausverkauft“ die Regel. Dort wird von unseren besten Künstlern die edelste Kost unserem Volke geboten. Wir haben oft von den Künstlern die Andacht und die Aufnahmefähigkeit ihrer Zuhörer rühmen hören. Jahre sind dahingegangen, und heute können wir behaupten, daß weite Kreise des Volkes zu künstlerischem Genießen erzogen worden sind. Sollte sich nicht auf wissenschaftlichem Gebiete ähnliches erreichen lassen?

Die „Patriotische Gesellschaft“ und das „Volksheim“ haben die Abhaltung von volkstümlichen Vorlesungen aus allen Gebieten der Wissenschaft veranlaßt. Berufene Dozenten sind gewonnen; die Namen der Professoren, die uns aus dem Hamburger Vorlesungswesen bekannt sind, fehlen nicht unter ihnen. Die Vorlesungen werden meist nicht an den bekannten Stellen abgehalten; man geht damit in die Vororte. Man will die Ergebnisse der Wissenschaft dem Volke bieten. Es kann aus der Fülle des wissenschaftlichen Stoffes nur eine gewisse Auswahl in Betracht kommen. Da entsteht eine Gefahr. Die Wissenschaft könnte am besten bedacht werden, die zufälligerweise den lebhaftesten Befürworter hat. Da müßte die Geographische Gesellschaft Fühlung mit den Leitungen der Vorlesungen nehmen und müßte ihnen mit Rat und Tat zur Seite stehen. Unsere Erdkunde wird dann sich den Platz in der Reihe der Vorlesungen sichern können, der ihr wegen ihrer hohen Bedeutung für die allgemeine Bildung gebührt. Erdkundliche Vorlesungen werden auch sicher sein, ihre Zuhörer zu finden. Den besten Beweis bietet die hiesige Öffentliche Bücherhalle, auch eine Schöpfung der Patriotischen Gesellschaft. In den Bücherhallen gibt es eine wissenschaftliche Abteilung. Unter allen Wissenschaften zeigt die Erdkunde die höchste Zahl der entliehenen Bände. Mit Befriedigung stellte mir gegenüber der Leiter der Bücherhalle fest, wie lebhaft auch in unseren ärmeren Stadteilen das Interesse für wissenschaftlichen und besonders für erdkundlichen Lesestoff ist. Aus den Bücherverzeichnissen ersieht man, daß in den Bücherhallen ansehnliche, mit gutem Verständnis ausgesuchte Sammlungen von erdkundlichen Werken vorhanden sind. Es fehlen natürlich noch viele gute Bücher. Manche mögen bei der Auswahl übersehen sein; andere hat man aus Geldmangel nicht mehr anschaffen können. Wie da unsere Geographische Gesellschaft helfen könnte, ergibt sich aus der Sachlage: mit Rat und mit Geld. Und wenn sie es selbst nicht hergeben kann, wird sie vielleicht im Kreise ihrer Mitglieder anregend wirken können. Vielleicht finden sich auf diesem Wege Gönner, die hier eine Gelegenheit sehen, der erdkundlichen Wissenschaft zu dienen.

Ich wüßte noch eine Aufgabe unserer Geographischen Gesellschaft, die das Bedürtnis nach erkundlichem Lesestoff befriedigen könnte. Es müßten ganz billige Ausgaben wissenschaftlichen Inhalts in volkstümlicher Form geschaffen werden. Mir schweben die bekannten blauen 50 Pf.-Hefte des Berliner Instituts für Meereskunde vor Augen. Es sind „volkstümliche Vorträge zum Verständnis der nationalen Bedeutung von Meer und Seewesen". Sollte nicht die Reihe dieser Veröffentlichungen aus dem engbegrenzten Gebiet ausgedehnt werden können auf das ganze Gebiet der Erdkunde? Sollte das nicht eine Aufgabe unserer Geographischen Gesellschaft sein können? Welch reiche Quellen erdkundlichen Wissens könnte hier für einen billigen Preis unserem Volke geboten werden. Ob es auszuführen ist von unserer immerhin kleinen „Geographischen Gesellschaft"? Ob sie sich vielleicht auch hier auf eine Anregung und eine kräftige Unterstützung beschränken müßte? Das sind Fragen, die ich zum Glück heute Abend nicht zu beantworten brauche. Ich möchte nur anregen, nur Wünsche aussprechen. Ich glaube, ich spreche in einer günstigen Stunde. Unsere Geographische Gesellschaft kann voller Hoffnungen und Erwartungen in die nächste Zukunft schauen. Im Jahre 1873, also kurz nach dem Kriege von 1870/71 ist sie gegründet. Aus den Bedürfnissen der Zeit heraus ist sie entstanden. Der Weltkrieg als Erwecker und Stärker erdkundlichen Denkens und Empfindens im deutschen Volke wird auch unserer Geographischen Gesellschaft neue Kraft verleihen. Mit volleren Segeln geht sie einer aussichtsreichen Zukunft entgegen. Aus dem Gefühl der steigenden Kraft heraus wird unsere liebe Geographische Gesellschaft mehr als schon bisher mithelfen wollen und können an der erdkundlichen Bildung unseres Volkes.

Erdkundliche Bildung ist ein umfangreicher Begriff. Man kann von keinem Menschen erwarten, daß er allseitige Kenntnisse auf dem Gebiete der Erdkunde habe. Es gibt aber ein gewisses Maß erdkundlichen Wissens, das möglichst allen Deutschen eigen sein sollte. Das sind die wichtigsten erdkundlichen Kenntnisse, die zum Verständnis der Gegenwart nötig sind. Denn sie gehören zu der politischen Schulung des deutschen Volkes; sie machen den Einzelnen erst vollwertig als Staatsbürger und als Staatsbürgerin.

Möge es daher bei jedem gebildeten Menschen, sei er männlichen oder weiblichen Geschlechtes, als ein Mangel empfunden werden, wenn er dieses Maß erdkundlichen Wissens nicht besitzt!

Möge der Krieg der Erdkunde also nicht nur in der Wissenschaft und in der Schule, sondern auch in der allgemeinen Bildung des deutschen Volkes den Platz geben, der ihr wegen seiner vielseitigen Bedeutung für die künftige Entwickelung unseres Vaterlandes zukommt.

Möge es unserer Geographischen Gesellschaft vergönnt sein, auch ihrerseits bei der Lösung dieser hohen Aufgabe mithelfen zu können.

Druck von J. J. Augustin in Glückstadt und Hamburg.

FSC
www.fsc.org
MIX
Papier | Fördert
gute Waldnutzung
FSC® C083411

Zeitfracht Medien GmbH
Ferdinand-Jühlke-Straße 7
99095 Erfurt, Deutschland
produktsicherheit@kolibri360.de